Bibliografische Information der Deutschen Nationalbibliothek:

Die Deutsche Bibliothek verzeichnet diese Publikation in der Deutschen National-
bibliografie; detaillierte bibliografische Daten sind im Internet über http://dnb.d-
nb.de/ abrufbar.

Impressum:

Copyright © 2015 GRIN Verlag, Open Publishing GmbH
Druck und Bindung: Books on Demand GmbH, Norderstedt Germany
ISBN: 978-3-668-09722-3

Dieses Buch bei GRIN:

http://www.grin.com/de/e-book/311053/der-strukturwandel-im-einzelhandel-ana-
lyse-mit-dem-schwerpunkt-deutschland

Katharina Schulz

Der Strukturwandel im Einzelhandel. Analyse mit dem Schwerpunkt Deutschland

RWTH Aachen
Geographisches Institut
Grundseminar Wirtschaftsgeographie
SS 2015
Hausarbeit

16.03.2015

Strukturwandel im Einzelhandel

Katharina Schulz

5. Semester
Studienfach: B. Sc. Angewandte Geographie

Inhaltsverzeichnis

1 Einleitung

Der Strukturwandel im Einzelhandel stellt einen sich ständig weiterentwickelnden Prozess dar, der von verschieden Einflüssen geprägt wird. Auch heute sind die räumlichen Auswirkungen des bereits vollzogenen Strukturwandels noch sichtbar. Es erscheint daher wichtig die Einflussgrößen sowie deren bisherige Entwicklung näher zu beleuchten, um zu verstehen, wie es zum Strukturwandel und dem resultierenden Standortgefüge im Einzelhandel kommen konnte. Auf dieser Basis können zukünftige Einzelhandelsentwicklungen prognostiziert und räumliche Folgewirkungen besser gesteuert werden, sodass negative räumliche Strukturen weitestgehend verhindert werden können.

Die nähere Beschreibung der Einflussgrößen des Strukturwandels im Einzelhandel, wie auch deren Entwicklungen und räumlichen Auswirkungen, sind die Themen der vorliegenden Arbeit. Indessen ein besonderer Fokus auf die wechselseitigen Beziehungen zwischen den einzelnen Strukturbildnern des Einzelhandels gelegt wird.

Ich beziehe mich in meinen Ausführungen auf die Grundzüge des deutschen Strukturwandels im Einzelhandel in der Zeit nach dem Zweiten Weltkrieg, da dieser die vollständige Zerstörung der bis dato herrschenden Einzelhandelsstrukturen mit sich führte. Weiterhin behandeln die vorliegenden Ausarbeitungen, aufgrund des begrenzten Rahmens dieser Arbeit, ausschließlich die Entwicklungen des stationären Einzelhandels.

Nach kurzer Einführung in das Thema, die sich aus Begriffserklärungen und -abgrenzungen zusammensetzt, wird zunächst der Zusammenhang der Strukturbildner des deutschen Einzelhandels erläutert, bevor anschließend näher auf die einzelnen Entwicklungen dieser Einflussgrößen eingegangen wird. Das letzte Kapitel beschäftigt sich mit den zusammengefassten räumlichen Auswirkungen des Strukturwandels, die am Beispiel der Entwicklungen und der resultierenden Einzelhandelslandschaften der neuen Bundesländer verdeutlicht werden.

2 Einzelhandel – Bedeutung, Einordnung und Abgrenzungen

Generell charakterisiert sich der Handel dadurch, dass Marktteilnehmer nicht selbst produzierte Waren von anderen Marktteilnehmern aufkaufen und an wieder andere Marktteilnehmer absetzen (Müller-Hagedorn 1998:15). Der Handel gliedert sich anhand seiner Stellung in der dargestellten Handlungskette in zwei verschiedene Betriebsformen.

<u>**Abbildung 1: Stellung des Handels als Mittler zwischen Produktion und Verkauf**</u>

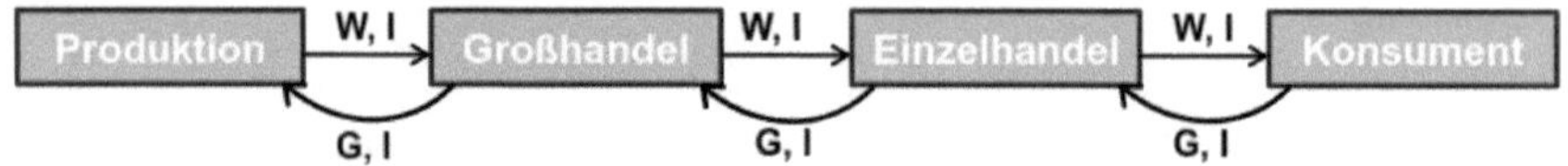

Austauschbeziehungen:
G = Geld
W = Waren
I = Information

Quelle: Vorlesung Wirtschaftsgeographie der Dienstleistungen von Prof. Dr. C. Neiberger

Dabei handelt es sich nach Seyffert (1972:146) zum einen um Großhandelsbetriebe und zum anderen um Einzelhandelsbetriebe. Das Abgrenzungskriterium vom Einzelhandel zum Groß-handel besteht darin, dass der Einzelhandel, wie in der obigen Abbildung 1 zu sehen ist, das vorletzte Glied der Handlungskette darstellt und somit seine Handelswaren ausschließlich an den Konsumenten absetzt, wobei dieser Absatz meist in kleinen Mengen, die dem privaten Konsumbedarf entsprechen, erfolgt (Barth 1996[3]:47).

Die interne Struktur der Einzelhandelsunternehmen setzt sich aus verschiedenen Komponenten zusammen. Es handelt sich um die Branche, mit dem entsprechenden Sortimentsangebot, aber auch um diverse Unternehmenskonzepte, unter denen der Einzelhändler für sein jeweiliges Unternehmen wählen kann (Heinritz/Popp 2011[2]:1004). Diese Unternehmenskonzepte definie-ren Heinritz und Popp (2011[2]:1004) als „Ergebnis strategischer Entscheidungen über ihre Hand-lungsform, das heißt über Art und Umfang des Leistungsprogramms, Form und Standort der Leistungserstellung, aber auch über ihre Kooperationsform und über ihre Organisationsform (Filialisierung) und können insgesamt als Betriebsform [bzw. Betriebstyp] typisiert werden.".

Darüber hinaus gibt es drei Formen des Einzelhandels, die sich mittels der Art des Kundenkon-takts differenzieren, den Versandhandel (inklusive des E-Commerce), den stationären Handel (Ladengeschäfte) und den „ambulanten und halb stationären Handel" (Müller-Hagedorn/Natter 2011[5]:91).

Insgesamt kommt dem Einzelhandel in Deutschland, mit einem Anteil von ca. 10% am Brutto-nationaleinkommen und 12% an allen Beschäftigten, eine hohe wirtschaftliche Bedeutung zu (Kulke 2010[2]:217).

3 Strukturbildner des Einzelhandels in Deutschland

Die Märkte des Einzelhandels sind in Deutschland weitgehend gesättigt, trotzdem unterliegt die Einzelhandelsstruktur einem fortwährendem Wandel (Kulke 2010[2]:217). Dieser Wandel basiert auf den Entwicklungen der Angebots- und Nachfrageseite des Einzelhandels, die sich gegenseitig bedingen. Die Entwicklungen implizieren auch eine räumliche Komponente, da die Unternehmen, aufgrund des räumlich veränderten Nachfrageverhaltens, ihre Standorte anpassen und somit ihre Standortpräferenzen verändern (Kulke 1998:162). Durch die räumliche Komponente des Strukturwandels kommt es in Deutschland, im Zuge der Einflussnahme auf die verfügbaren Einzelhandelsstandorte, auch zur Beteiligung der Raumplanung (Kulke 1998:162).

Abbildung 2: Akteure der Struktur und Dynamik des Einzelhandelsstandortsystems

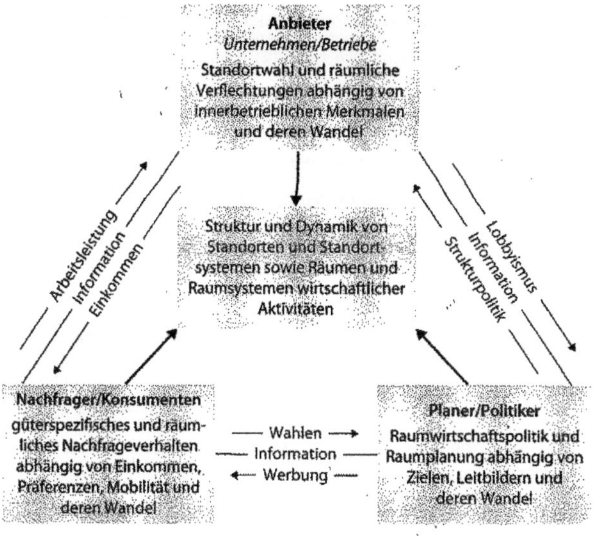

Quelle: (Kulke 2010[2]:218)

Wie aus der Abbildung 2 deutlich wird, ergeben sich der Strukturwandel des Einzelhandels und seine resultierenden Einzelhandelslandschaften aus einem komplexen Wirkungsgefüge zwischen Einzelhandelsbetrieben (Anbieter), Konsumenten (Nachfrager) und Planern bzw. Politikern.

3.1 Entwicklungen auf der Konsumentenebene

Die strukturellen Veränderungen des Einzelhandels werden grundlegend durch das Konsumverhalten bzw. durch die starken Verschiebungen innerhalb der Konsumausgaben der Endverbraucher geprägt (Täger 2006:100).

Generell vollzog sich in Deutschland, nach Ende des zweiten Weltkrieges, ein Wandel von einer Produktions- zu einer Konsumgesellschaft (Pütz/Schröder 2011[2]:991), was in der Einkommenssteigerung, im Zuge des anhaltendem Wirtschaftswachstums zu dieser Zeit, begründet ist.

Allerdings hat sich das Konsumentenverhalten seit dem ständig gewandelt. Diese Konsumänderung ist an die Veränderung der Variablen Einkommen, Alter und Haushaltsstrukturen gekoppelt, wobei der Variablen des Einkommens eine besonders hohe Bedeutung zukommt (Heinritz/Popp 2011[2]:1004f.). Zum einen steigerte sie die Nachfrage generell, zum anderen bildete die positive Einkommensentwicklung die Grundlage für die steigende Motorisierung der Konsumenten, was wiederum mit höheren Transportmöglichkeiten einherging (Bahn 2006:61f.). Die räumlichen Effekte dieser gesteigerten räumlichen Flexibilität sind, dass die Konsumenten nicht mehr an Einkaufsstandorte, die fußläufig oder mit dem ÖPNV erreicht werden können, gebunden sind (Kulke 2010[2]:224) und somit ihren Wirkungsbereich vergrößern.

Weiterhin führen die Entwicklungen der bereits angesprochenen Variablen zur Herausbildung zweier Phänomene im Kundenverhalten, das Kopplungsverhalten und die Mehrfachorientierung (Heinritz/Popp 2011[2]:1007). Es kommt zur Kopplung von Besorgungen, da die Konsumenten, in Folge des Einkommensanstieges, immer mehr Güter nachfragen, sich das Zeitbudget für die Besorgungen jedoch nicht geändert hat (Kulke 2010[2]:224). Räumlich gesehen drückt sich dieses Phänomen durch die Bevorzugung von Standortagglomerationen aus (Heinritz/Popp 2011[2]:1007).

Das Phänomen der Mehrfachorientierung besagt, dass die Kunden für ihre Einkäufe kein festes Einzugsgebiet besitzen, sodass die Konsumenten Angebotsstandorte innerhalb, wie auch außerhalb von Stadtgebieten nutzen (Heinritz/Popp 2011[2]:1007).

Neben den quantifizierbaren Variablen Einkommen, Motorisierung und Zeitbudget wirken auch veränderte individuelle Einstellungen der Konsumenten auf ihr jeweiliges Einkaufsverhalten (Heinritz 2007:702). Sie führen zur Ausbildung verschiedener Einkaufstypen. Im Fokus des Convenience-Käufers steht die Bequemlichkeit seiner Einkäufe, sodass er bevorzugt Einkaufsstätten mit langen Ladenöffnungszeiten und einem aus Güter und Dienstleistungen kombinierten Angebot, wie z.B. Tankstellenshops, aufsucht (Heinritz/Popp 2011[2]:1006). Der Einkaufstyp des Preiskäufers zeichnet sich durch das gezielte Aufsuchen besonders preisgünstiger Angebotsstandorte aus (Kulke 2010[2]:225). Aufgrund der zunehmenden Dienstleistungs- und Erlebnisorientierung der heutigen Gesellschaft (Eggert 2006:34) nimmt die Bedeutung des Erlebniskäufers zu. Dieser Einkaufstyp verbindet den Vorgang des Einkaufes mit seiner Freizeitgestal-

tung (Kulke 1998:165). Die raumwirksamen Folgen dieser verschiedenen Einkaufstypen ergeben sich aus ihrer Orientierung an unterschiedlichen Betriebstypen mit differenzierten Standort-
ansprüchen, die im folgenden Kapitel näher erläutert werden.

3.2 Entwicklungen auf der Betriebsebene

Die Entwicklungen auf der Konsumentenebene führen, wie auch in Abbildung2 zu erkennen ist,
zu Veränderungen auf der Betriebsebene, da die Einzelhandelsunternehmen, mittels eines in-
ternen Strukturwandels, auf die veränderten Konsumgewohnheiten reagieren (Kulke
2010[2]:219).

Die neu entwickelten Konsumgewohnheiten werden als handelsexogene Einflussgrößen betrachtet. Zusätzlich werden die Strukturentwicklungen der Einzelhandelsbetriebe durch han-
delsendogene Einflüsse hervorgerufen, wobei es sich um unternehmerische Innovationen, wie
z.B. das Selbstbedienungsprinzip, handelt (Heinritz/Popp 2011[2]:1008).

Besonders anschaulich drückt sich die interne Strukturveränderung der deutschen Einzelhandelsbetriebe durch den Wandel der Betriebstypen aus (Heinritz et al. 2003:46f.). Obwohl in die-
sem Zusammenhang im Großteil der Literatur vom Wandel der Betriebsformen gesprochen
wird, werde ich mich in den folgenden Ausführungen an die bereits in Abschnitt 2 dargestellte
Abgrenzung zwischen Betriebsform und Betriebstyp halten und vom Betriebstypenwandel
sprechen. Die einzelnen Betriebstypen definieren sich durch verschiedene Leistungs- und
Faktorkombinationen (Barth 1996:47). Genauer gesagt handelt es sich dabei hauptsächlich um
Kombinationen der Betriebsmerkmale: Verkaufsflächengröße, Bedienungsform und Preisniveau, was auch an Abbildung 3 ablesbar ist.

Abbildung 3: Merkmale und Entwicklungsphasen von Betriebsformen des Einzelhandels

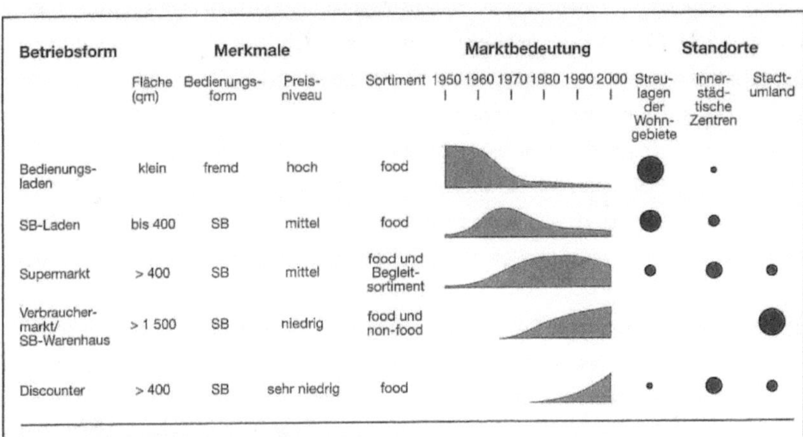

Quelle: (Kulke 2006:151) verändert

Der in Deutschland vollzogene Betriebstypenwandel lässt sich besonders gut am Konzept der Lebenszyklushypothese der Betriebstypen skizzieren. Der Verlauf dieses Konzepts ist in der Annahme begründet, dass jeder Betriebstyp eine begrenzte Lebensdauer besitzt, während ihm jeweils bestimmte Marktanteile zukommen (Kulke 2006^2:150).

Die erste Phase des Lebenszyklus ist die Entstehungsphase in der neue und besser an die neuen Marktbedingungen angepasste Betriebstypen in den Einzelhandelsmarkt eintreten. Sie besitzen in dieser Phase geringe Marktanteile, die sich in der folgenden Expansionsphase steigern, bis sie in der Reifephase ihr Maximum erreichen. Entspricht ein Betriebstyp nicht mehr den veränderten Marktbedingungen, tritt er in die Rückbildungsphase ein, die durch rückläufige Marktanteile sowie durch das Eintreten besser angepasster Betriebstypen gekennzeichnet ist (Kulke 2010^2:219).

Der Betriebstypenwandel in Deutschland geht mit einer Marktanteilsverschiebung einher, die den Phasen der Lebenszyklushypothese entspricht (Kulke 2006^2:153), was sich anhand der Entwicklungen des Lebensmitteleinzelhandels in Deutschland beweisen lässt. Die höchsten Marktanteile dieses Einzelhandelszweiges kommen, bis zu den 60er Jahren, den kleinen inhabergeführten Bedienungsläden zu (Kulke 1998:166). Durch die Einführung des Selbstbedienungsprinzips und der damit verbundenen Verkaufsflächenexpansion (Blank 2004:132), werden die Bedienungsläden zuerst zunehmend durch die sogenannten SB-Läden (Verkaufsfläche <400m^2) und seit den 70er Jahren durch den Betriebstyp Supermarkt (Verkaufsfläche >400m^2) ersetzt (Kulke 1998:166). In den 80er Jahren gewinnen besonders die Verbrauchermärkte Marktanteile am deutschen Lebensmitteleinzelhandel, da sie durch ihre Verkaufsflächengröße von über 1500m^2 (Kulke 1998:166), ihrem breiter aufgestellten Sortiment und ihren niedrigen Preisen besser an die Entwicklungen auf der Konsumentenebene angepasst sind (Kulke 2006^2:153). Aufgrund der zunehmenden Preisorientierung der Konsumenten sowie der ungünstigen Kostenstruktur der Supermärkte werden diese seit den 90er Jahren zunehmend durch Discounterbetriebe ersetzt (Kulke 2010^2:220). Im Jahr 2004 erreichen sie sogar einen Marktanteil von ca. 37% am gesamten deutschen Lebensmitteleinzelhandel (Täger 2006:104). Strukturelle Merkmale der Discounter sind eine Verkaufsfläche von nur ca. 450m^2, ein begrenztes, aber umschlagsstarkes Sortiment, die Umsetzung des Selbstbedienungsprinzips und ein sehr niedriges Preisniveau. Das dauerhaft niedrige Preisniveau stellt dabei das wichtigste Abgrenzungskriterium zu den anderen Betriebstypen des Lebensmitteleinzelhandels dar (Blank 2004:136f.).

Folglich führt der beschriebene Betriebstypenwandel zu verschiedenen Phänomenen in der deutschen Einzelhandelsentwicklung. Im Einzelnen wird dabei von der Verkaufsflächenexpansion, mit der resultierenden sinkenden Flächenproduktivität, und dem Rückgang der Betriebszahlen gesprochen (Heinritz et al. 2003:37ff.). Räumlich führt der Betriebstypenwandel „ […] zu einer Ausdünnung des Versorgungsnetzes im Nahbereich und zu einem Bedeutungsgewinn von Standorten am Stadtrand." (Kulke 2010[2]:220).

Zu den neusten Entwicklungen im Betriebstypenwandel gehört das Auftreten des Convenience Stores, der sich als Bedürfnisbefriedigung für den Konsumententyp des Convenience-Käufers entwickelt hat (Heinritz/Popp 2011[2]:1006). Da beim Convenience-Kauf die Bequemlichkeit im Vordergrund steht, zeichnen sich diese Betriebe durch die Standortnähe zum Kunden aus, um ihm durch verkürzte Besorgungswege Zeit zu ersparen (Zentes 1999:298), sowie durch verbraucherfreundliche lange Öffnungszeiten (Ahlert/Schröder 1999:281). Dieser Betriebstyp kommt ursprünglich aus den USA, verbreitet sich jedoch zunehmend in Europa (Zentes 1999:296). In Deutschland sind allerdings, aufgrund des gegenwärtigen Ladenschlussgesetzes (Swoboda/Schwarz 2006:401), bisher nur Ansätze von Convenience Stores, z.B. Kioske, zu erkennen (Eggert 1998:144).

Eine weitere strukturelle Entwicklung auf der Betriebsebene ist die veränderte zwischenbetriebliche Organisationsform (Heinritz 2007:700). Es handelt sich dabei um unternehmensübergreifende Zusammenarbeit, mit dem Zielen zum einen Kosten zu sparen und zum anderen, durch einheitliche Marktpräsenz, höhere Umsätze zu erreichen (Kulke 2006[2]:158). Im Einzelhandel existieren verschiedene Arten der unternehmerischen Zusammenarbeit (Kulke 2006[2]:157): die Filialsysteme, das Franchising, die Einkaufsgemeinschaften und die freiwilligen Ketten. Zwar sind ca. 20 % der deutschen Einzelhandelsunternehmen in Einkaufsgemeinschaften organisiert, um ihre Beschaffungsnachteile gegenüber den Filialunternehmen zu senken (Täger 2006:102f.),trotzdem verzeichnen die inhabergeführten Einzelhandelsunternehmen eine starke Marktanteilsminderung (Täger 2006:104). Hervorgerufen wird diese Entwicklung durch die heutige Dominanz der zentralgesteuerten Filialisten (Kulke 2010[2]:220f.), wobei es sich um Mehrbetriebsunternehmen handelt, die Filialbetriebe an unterschiedlichen Standorten führen (Kulke 2006[2]:157).

Tabelle 1: Einzelhandelsunternehmen in Deutschland (Bezugsjahr 2006)

Name	Umsatz 2006 in Mio. €	Anteil Lebensmittel	Anteil Non-Food
Edeka-Gruppe, Hamburg	35 750	86 %	14 %
Metro-Gruppe, Düsseldorf	31 930	46 %	54 %
Rewe-Gruppe, Köln	31 209	72 %	28 %
Schwarz-Gruppe, Neckarsulm	24 000	81 %	19 %
Aldi-Gruppe, Essen/Mülheim	23 000	81 %	19 %
Tengelmann-Gruppe, Mülheim	14 262	59 %	41 %
Arcandor, Essen	12 500	2 %	98 %
Lekkerland, Frechen	7 233	96 %	4 %
Schlecker, Ehingen	5 600	95 %	5 %
Globus, St. Wendel	3 570	55 %	45 %

Quelle: (Kulke 2010[2]:222)

Wie aus der vorliegenden Tabelle 1 ersichtlich wird, konzentrieren sich Umsatzanteile von 86,8%, im Lebensmitteleinzelhandel im Jahr 2006, auf die zehn größten Unternehmen dieser Branche. Dieser Konzentrationsprozess ist ein weiterer Entwicklungstrend des deutschen Strukturwandels im Einzelhandel. Die räumlichen Auswirkungen dieses Trends sind, dass sich die Filialisten, aufgrund ihrer Marktvorteile, die sich aus einer günstigen Kostenstruktur und einer hohen Verkaufsflächenproduktivität ergeben, in den teuren, aber auch attraktiveren Zentren deutscher Innenstädte ansiedeln (Kulke 2010[2]:222).

Ein weiterer Trend des Strukturwandels auf der Betriebsebene ist, dass sich vor allem die neueren Betriebstypen, hinsichtlich ihres Standortes, vermehrt auf Einzelhandelsagglomerationen konzentrieren, um ihren Konsumenten ein großes und differenziertes Angebot an Waren und Service zu bieten (Täger 2006:108). Eine Form von Einzelhandelsagglomerationen mit einer kontinuierlich positiven Entwicklung in Deutschland stellen die Shopping Center dar (Blank 2004:184ff.). Nach Blank (2004: 185ff.) sind Shopping Center einheitlich geplante und gemanagte Einzelhandelsagglomerationen, die in einem Gebäudekomplex zusammengefasst sind. Weiterhin zeichnen sie sich durch eine spezifische Ausrichtung auf das jeweilige Einzugsgebiet sowie durch gute Erreichbarkeit und Parkmöglichkeiten aus (Blank 2004:186ff.). Als Standorte eignen sich sowohl Innenstädte, wie auch Standorte in nicht-integrierten Lagen (Blank 2004:190). Als Antwort auf die zunehmende Erlebnisorientierung der Konsumenten kann die Weiterentwicklung der Shopping Center hin zu dem Konzept der Urban Entertainment Center angesehen werden (Blank 2004:197). Entwickelt und zuerst umgesetzt wurde dieses Konzept in den USA, jedoch gewinnt es auch in Deutschland immer mehr an Bedeutung (Hahn 2001:19). Dieses Konzept zeichnet sich durch eine Kombination von Einzelhandel, Gastronomie, Unterhaltung und Freizeiteinrichtungen, wie z.B. Fitness-Centern, aus (Blank 2004: 196). Auch für diese Form der Agglomeration werden Standorte in sowohl integrierten als auch nicht-integrierten Lagen ausgewählt (Hahn 2001:19).

Seit Beginn der 90er Jahre ist eine zunehmende Internationalisierung des Einzelhandels zu erkennen, die durch verschiedene Pull- und Push-Faktoren begünstigt wird (Franz 2011:5). Als Pull-Faktor gilt dabei vor allem die Liberalisierung der Einzelhandelsmärkte (Franz 2011:5), wohingegen die gesättigten Märkte in Deutschland als Push-Faktoren wirken (Gerhard/Hahn 2011[2]:1012). Folglich ergibt sich aus dem Prozess der Internationalisierung eine weitere Konzentration im Einzelhandel.

3.3 Einfluss der Raumplanung

Laut Abbildung 2 ist das letzte noch zu erläuternde Element des Strukturwandels die Raumplanung, die durch die ihnen gesetzlich zugesprochenen Instrumente einen erheblichen Einfluss auf die Standortwahlmöglichkeiten der Einzelhandelsbetriebe ausübt. In der deutschen Raumplanung werden Planungskompetenzen auf die Ebenen: Bund, Land, Regionen und Kommunen verteilt (Blank 2004:18ff.). Innerhalb dieses Planungssystems obliegen die Entscheidungen über Einzelhandelsansiedlungen der Planungshoheit der jeweiligen Kommunen (Heinritz/Popp 2011[2]:1009), die sich jedoch bei ihren Planungen an das, auf Bundesebene erarbeitete, Raumordnungsgesetz (inkl. raumordnerische Leitbilder) halten müssen (Blank 2004:18f.). Im Rahmen der kommunalen Bauleitplanung erstellen die Kommunen Flächennutzungs- und Bebauungspläne, die wiederrum auf den bundeseinheitlichen Gesetzesgrundlagen des Baugesetzbuches (BauGB) und der Baunutzungsverordnung (BauNVO) beruhen (Kulke 2010[2]), um die Nutzung der Gemeindeflächen genau festzulegen (Blank 2004:21).

Wie durch die Ausführungen im vorangehenden Abschnitt **3.2** deutlich wird, präferieren die neuen Betriebstypen zunehmend Betriebsstandorte in nicht-integrierten Lagen. Auf diese Entwicklung nimmt die Raumplanung auf der kommunalen Ebene der Bauleitplanung Einfluss, indem sie die Standortmöglichkeiten der Einzelhandelsunternehmen einschränkt. So werden die Innenstädte im Flächennutzungsplan als Kerngebiete ausgewiesen. Innerhalb dieser Kerngebiete ist die Ansiedlung aller Betriebstypen, ungeachtet ihrer Größe, zulässig. Demgegenüber dürfen großflächige Betriebstypen, ab einer Verkaufsfläche von ca. 800m^2 (Kulke 2010[2]:227), außerhalb der Kerngebiete nur auf ausgewiesenen Sondergebieten realisiert werden, deren Ausweisung sich an den Bedarf der Bevölkerung richten muss (Heinritz/Popp 2011[2]:1009). Zusätzlich verfügt die kommunale Planung seit den 70er Jahren über planerische Instrumente zur Attraktivitätssteigerung der bestehenden innerstädtischen Versorgungszentren (Kulke 1998:171). Diese Instrumente sind besonders vor dem Hintergrund des anhaltenden Flächendrucks im deutschen Einzelhandel von Bedeutung, da er sich bei den ergänzenden Flächendarstellungen um Standorte in direkter Nähe zu bestehenden Versorgungszentren handelt (Kulke 2010[2]:227).

Insgesamt betrachtet übt die Raumplanung in Deutschland großen Einfluss auf die räumlichen Auswirkungen der Entwicklungen im Einzelhandel aus und führte in Westdeutschland zu einer deutlichen Begrenzung der Einzelhandelsansiedlungen in nicht-integrierten Lagen (Kulke 2010[2]:226). Nach Kulke (2010[2]:227) ergibt sich, aufgrund einer im Zuge der Wiedervereinigung entstandenen Planungslücke, eine besondere Planungssituation zu Beginn der 90er Jahre in Ostdeutschland. Diese Planungslücke ist darin begründet, dass mit der Wiedervereinigung das deutsche Grundgesetz in den neuen Bundesländern unmittelbar galt, die restriktiven Einflüsse der Raumplanung hingegen erst in den jeweiligen Bundesländern entwickelt und verabschiedet werden mussten. Durch diesen Umstand waren die ostdeutschen Kommunen in dem Zeitraum zwischen 1990 und ca. 1995 befähigt in ihren jeweiligen Flächennutzungsplänen Einzelhandelsflächen darzustellen, die sich, im Gegensatz zu Westdeutschland, nicht an den Versorgungsbedarf der ansässigen Bevölkerung orientieren musste. Aus Zwecken der Wirtschaftsförderung handelte es sich dabei größtenteils um Flächen in nicht-integrierten Lagen.

4 Räumliche Auswirkungen des Strukturwandels im Einzelhandel (am Beispiel der Einzelhandelslandschaften in den neuen Bundesländern)

Die Einflüsse der drei Elemente des Einzelhandelsstrukturwandels auf das resultierende Standortsystem der Einzelhandelsbetriebe sowie deren unterschiedliche Gewichtung, lassen sich besonders anschaulich an den differenzierten Standortentwicklungen in West- und Ostdeutschland verdeutlichen. Begründet ist diese unterschiedliche Standortentwicklung in den stark differenzierten Ausgangssituationen im jeweiligen Einzelhandel.

Während sich das Standortsystem in Westdeutschland entsprechend der beschriebenen räumlichen Auswirkungen des Strukturwandels im Einzelhandel, unter restriktiven Einwirkungen der Raumplanung, über Jahrzehnte hin entwickelt hat, kam es „mit dem Zusammenbruch der zentralistisch organisierten Planwirtschaft und dem Übergang zur Marktwirtschaft […] in der früheren DDR […] zu einer grundlegenden Neustrukturierung […]" (Meyer 1992:246) des Handels. Räumlich führte dies „nicht nur zu einer Angleichung an westdeutsche Verhältnisse", sondern zur Ausbildung einer eigenen Einzelhandelslandschaft (Meyer/Pütz 1997:492).

Nach Meyer und Pütz (1997:492f.) wurde die räumliche Einzelhandelsstruktur der ostdeutschen Großstädte durch drei markante Merkmale geprägt. Zum einen handelte es sich vor der Wiedervereinigung um einen hierarchisch gegliederten Einzelhandel, dessen Standorte sich auf die Innenstadt, Stadtteilzentren und integrierte Streulagen der Wohngebiete verteilten. Zum anderen waren die innerstädtischen Zentren Einzelhandelsstandorte mit deutlichem Bedeutungsüberschuss. Das dritte Merkmal bestand darin, dass die Einzelhandelsbetriebe im restlichen Teil des Stadtgebietes lediglich zur Sicherung der Grundversorgung dienten.

Abbildung 3: Modell der Veränderung von Standortstrukturen des Einzelhandels in Deutschland

Quelle: (Kulke 2010[2]:229) verändert

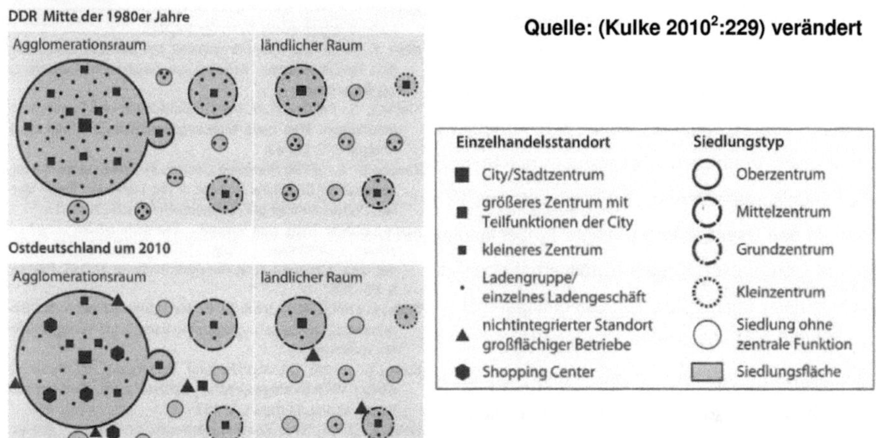

Diese Situation spiegelt auch der obere Teil der Abbildung 3 wider, der sich auf die Einzelhandelsstandortsituation in Ostdeutschland vor der Wiedervereinigung bezieht. Darüber hinaus wird bei näherer Betrachtung der Abbildung deutlich, dass zu dieser Zeit großflächige Betriebe in nicht-integrierten Lagen gänzlich fehlten, was den größten Unterschied zu westdeutschen Einzelhandelslandschaften darstellte. Die Standortstruktur der DDR war in der differenzierten Struktur auf der Betriebsebene begründet.

Tabelle 2: Umsatzanteile nach Unternehmensformen

DDR 1988[1]	
HO	38,8 %
Konsum	31,3 %
Sonstiger sozialistischer Handel	18,5 %
Privater Einzelhandel	11,4 %

Quelle: (Kulke 1998:176) verändert

Wie aus der Tabelle 2 zu entnehmen ist konzentrierten sich 88,6% des Umsatzes auf die drei sozialistischen Unternehmensformen der DDR, die sich aus dem volkseigenen Einzelhandel HO, den staatlich kontrollierten Konsumgenossenschaften und dem übrigen sozialistischen Einzelhandel zusammensetzte (Kulke 1998:175f.). Folglich entfiel nur 11,4% des Umsatzes auf den privaten Einzelhandel. Dementsprechend handelte es sich bei dem Großteil der Einzelhandelsunternehmen um staatliches Eigentum, wodurch der staatlichen zentralen Planung eine große Bedeutung in Bezug auf die Standortwahl zukam. Diese wiederrum orientierte sich bei ihren Planungen an das bereits beschriebene Einzelhandels-Raummuster der ostdeutschen Großstädte.

Im Zuge der Wiedervereinigung zu Beginn der 90er Jahre und dem damit verbundenem Übergang zur Marktwirtschaft kam es zu erheblichen Veränderungen auf der Betriebsebene. Die deutlichste Veränderung bestand in der Privatisierung der zuvor sozialistisch gesteuerten Einzelhandelsunternehmen. Zu Beginn dieses Prozesses gingen 61% der staatlichen Unternehmen in den Besitz selbstständiger Einzelhändler und nur 39% an westdeutsche Filiallisten. Aufgrund unrentabler Kosten-/Erlösverhältnisse der selbstständigen Unternehmen waren diese schon nach kurzer Zeit zur Geschäftsaufgabe gezwungen, wodurch die Marktbedeutung der westdeutschen Filiallisten zunehmend gestärkt wurde (Kulke 1998:177f.). In Ostdeutschland dominierten die Filiallisten mit neuen großflächigen Betriebstypen, die die nicht-integrierten Lagen als Betriebsstandorte präferierten (Kulke 1998:178).

Diese Standortpräferenz lässt sich beispielhaft durch die Unattraktivität der Stadt Dresden zu Zeiten der Wiedervereinigung erklären. Die Unattraktivität als Betriebsstandort großflächiger Betriebstypen ergab sich zum einen aus der städtischen Gestaltungsmonotonie, die sich aus der Zerstörung im zweiten Weltkrieg ergab, zum anderen standen dem Einzelhandel nur sehr begrenzte Flächen mit hohen Mietpreisen zur Verfügung. Zusätzlich wurde die Investitionstätigkeit durch ungeklärte Eigentumsverhältnisse und kleinteilige Parzellierung der Innenstadt gehemmt (Meyer/Pütz 1997:493ff.).

Begünstigt wurde die hohe Einzelhandelsdynamik in den nicht-integrierten Lagen durch die bereits angesprochene Planungslücke, die zu Beginn der 90er Jahre in den neuen Bundesländern bestand. Die erst seit Mitte der 90er Jahre erfolgten Revitalisierungsmaßnahmen der ostdeutschen Innenstädte kamen für die meisten räumlichen Auswirkungen des Strukturwandels zu spät (Kulke 1998:178).

Insgesamt resultiert aus den Entwicklungen des ostdeutschen Einzelhandels ein abweichendes Standortsystem, das sich durch schlecht versorgte innerstädtische Zentren mit geringen Marktanteilen und einer hohen Standortausprägung in nicht-integrierten Lagen kennzeichnet.

5 Fazit

Dem Wirtschaftszweig des Einzelhandels kommt in Deutschland eine hohe wirtschaftliche Bedeutung zu.

Trotz der weitestgehend gesättigten Märkte im deutschen Einzelhandel sind dessen Strukturen einem ständigen Wandel unterzogen. Dieser Wandel ergibt sich aus einem Zusammenspiel von

Konsumenten, Einzelhandelsanbietern und der deutschen Raumplanung, da sich auch auf den einzelnen Ebenen dieser Einflussgrößen fortwährend Entwicklungen vollziehen. Dementsprechend stellt das Zusammenspiel von Konsumenten, Anbietern und Raumplanung ein komplexes, sich gegenseitig bedingendes Wirkungsgefüge dar, das als Ergebnis den Strukturwandel im Einzelhandel hervorbringt.

Zusätzlich implizieren die einzelnen Entwicklungen auf den bereits angesprochenen Ebenen auch immer räumliche Auswirkungen, die in ihrer Gesamtheit zur Ausbildung von Einzelhandelslandschaften führt.

Am Beispiel der unterschiedlichen Entwicklungen des Einzelhandels in den neuen und alten Bundesländern sowie deren verschieden ausgeprägten Einzelhandelslandschaften wird deutlich, dass der Strukturwandel im Einzelhandel nicht überall gleich verläuft, sondern dessen Verlauf grundlegend durch differenzierte Ausgangssituationen beeinflusst wird. Dies unterstreicht nochmals die Komplexität des bedingenden Wirkungsgefüges und zeigt so, dass die Einflüsse der Konsumenten sowie der Anbieter und der Raumplaner je nach Situation unterschiedlich gewichtet werden, was als Resultat auch wieder differenzierte räumliche Strukturen hervorbringt.

Aufgrund dessen lässt sich zusammenfassend festhalten, dass zukünftige Entwicklungen des deutschen Einzelhandels, basierend auf der Abhängigkeit vielfältiger Einflüsse, die besonders auf der Konsumentenebene oft auf nicht einschätzbaren, individuellen Einstellungen beruht, schwer prognostizierbar sind.

Literaturverzeichnis

Ahlert, D./Schröder, H. (1999): Binnenhandelspolitische Meilensteine der Handelsentwicklung. In: Dichtel, E./Lingenfelder, M. (Hrsg.) (1999): Meilensteine im deutschen Handel: Erfolgsstrategien gestern, heute und morgen. Frankfurt: Deutscher Fachverlag, 241-292.

Bahn, C. (2006): Investition und Planung im Einzelhandel. Wiesbaden: VS Verlag für Sozialwissenschaften.

Barth, K. (1996[3]): Betriebswirtschaftslehre des Handels. Wiesbaden: Gabler Verlag.

Blank, O. (2004): Entwicklung des Einzelhandels in Deutschland. Wiesbaden: Deutscher Universitäts-Verlag/GWV Fachverlage.

Eggert, U. (1998): Der Handel im 21. Jahrhundert. Düsseldorf: Metropolitan Verlag.

Eggert, U. (2006): Wettbewerbliches Umfeld – Konsumenten, Lieferanten, Konkurrenten. In: Zentes, J. (Hrsg.) (2006): Handbuch Handel-Strategien-Perspektiven-Internationaler Wettbewerb. Wiesbaden: Gabler Verlag, 23-47.

Franz, M. (2011): Globalisierung im Einzelhandel-Akteure und ihre Machtbeziehungen. In: Geographische Rundschau 63(5), 4-10.

Gerhard, U./Hahn, B. (2011^2): Transnationalisierung und Globalisierung im Handel und Konsum. In: Gebhardt, H./Glaser, R./Radtke, U./Reuber, P. (Hrsg.) (2011^2): Geographie-Physische Geographie und Humangeographie. Heidelberg: Spektrum Akademischer Verlag, 1012-1016.

Hahn, B. (2001): Erlebniseinkauf und Urban Entertainment Centers. In: Geographische Rundschau 53(1), 19-25.

Heinritz, G./Klein, K./Popp, M. (2003): Geographische Handelsforschung. Stuttgart: Bornträger.

Heinritz, G. (2007): Geographische Handelsforschung. In: Gebhardt, H./Glaser, R./Radtke, U./Reuber, P. (Hrsg.) (2007): Geographie. Heidelberg: Spektrum Akademischer Verlag, 699-707.

Heinritz,G./Popp, M. (2011^2): Geographische Handelsfoschung. In: Gebhardt, H./Glaser, R./Radtke, U./Reuber, P. (Hrsg.) (2011^2): Geographie-Physische Geographie und Humangeographie. Heidelberg: Spektrum Akademischer Verlag, 1002-1012.

Kulke, E. (1998): Wirtschaftsgeographie Deutschlands. Gotha: Justus Perthes Verlag.

Kulke, E. (2006^2): Wirtschaftsgeographie. Paderborn: Ferdinand Schöningh Verlag.

Kulke, E. (2010^2): Wirtschaftsgeographie Deutschlands. Heidelberg: Spektrum Akademischer Verlag.

Meyer, G. (1992): Strukturwandel im Einzelhandel der neuen Bundesländer. Das Beispiel Jena. In: Geographische Rundschau 44(4), 246-252.

Meyer, G./Pütz, R. (1997): Transformation der Einzelhandelsstandorte in ostdeutschen Großstädten. In: Geographische Rundschau 49(9), 492-498.

Müller-Hagedorn, L. (1998): Der Handel. Stuttgart: W. Kohlhammer.

Müller-Hagedorn, L./Natter, M. (2011^5): Handelsmarketing. Stuttgart: Kohlhammerverlag (= Kohlhammer Edition Marketing).

Pütz, R./Schröder, F. (2011²): Geographie des Handels und Konsums-Einführung. In: Gebhardt, H./Glaser, R./Radtke, U./Reuber, P. (Hrsg.) (2011²): Geographie-Physische Geographie und Humangeographie. Heidelberg: Spektrum Akademischer Verlag, 988-1002.

Seyffert, R. (1972⁵): Wirtschaftslehre des Handels. Wiesbaden: VS Verlag für Sozialwissenschaften.

Swoboda, B./Schwarz, S. (2006): Internationale Entwicklung und Käuferverhalten in Deutschland. In: Zentes, J. (Hrsg.) (2006): Handbuch Handel-Strategien-Perspektiven-Internationaler Wettbewerb. Wiesbaden: Gabler Verlag, 397-421.

Täger, U. C. (2006): Strukturen und Entwicklungstendenzen im deutschen Distributionssystem. In: Zentes, J. (Hrsg.) (2006): Handbuch Handel-Strategien-Perspektiven-Internationaler Wettbewerb. Wiesbaden: Gabler Verlag, 89-110.

Zentes, J. (1999): Die CPC TrendForen- Ziele, Konzeption, Themen. In: Dichtl, E./Lingenfelder, M. (Hrsg.) (1999): Meilensteine im deutschen Handel: Erfolgsstrategien gestern, heute und morgen. Frankfurt: Deutscher Fachverlag, 293-307.